1個人的主
2個人的配菜，全家人的燉鍋料理

零油煙、免顧爐、少碗盤，健康營養不流失的新料理法

Mini Cocotte

Jean-François Mallet 尚方索瓦・馬內

Sommaire

ŒUFS, LÉGUMES, FROMAGES 蛋、蔬菜、起司

4 > 帕瑪火腿番茄蛋佐巴薩米克醋
Œufs à la tomate, au jambon de Parme
et au vinaigre balsamique

6 > 《鮭魚親子》燉蛋
Œufs cocotte « tout saumon »

8 > 普羅旺斯烤蔬菜 Tian de légumes

10 > 新鮮百里香櫛瓜餅
Gâteau de courgettes au thym frais

12 > 核桃油焗洛克福《梨蘋》Roquefort
«poire-pomme » à l'huile de noix

CHARCUTERIES 醃肉製品

14 > 生火腿蘆筍，由上往下加熱
Asperges au jambon cru, cuites de
haut en bas

16 > 豌豆煙燻鴨胸
Petits pois au magret de canard fumé

18 > 肉桂《血腸蘋果》派
Pie « pomme-boudin » à la cannelle

20 > 東方風味高麗菜卷
Feuilles de chou farcies à l'orientale

22 > 西班牙臘腸焗烤馬鈴薯
Gratin dauphinois au chorizo

24 > 火腿焗烤義大利麵
Gratin de pâtes au jambon

VIANDES 肉類

26 > 牛肉湯佐香菜、香茅和八角
Bouillon au bœuf émincé, coriandre,
citronnelle et badiane

28 > 羔羊塔吉鍋 Tagine d'agneau

30 > 麵封燉鍋燜橄欖小牛肉
Veau aux olives en cocotte lutée

32 > 莫札瑞拉焗烤小牛肉片
Émincé de veau à la mozzarella

34 > 雞肉片佐醃漬檸檬茴香和辣橄欖
　　 Émincé de poulet, fenouil au citron
　　 confit et olives pimentées

36 > 檸檬辣椒雞肉鍋
　　 Fondue de blancs de poulet à la
　　 citronnelle et au piment

38 > 茵陳蒿芥末焗兔肉
　　 Lapin à l'estragon et à la moutarde

POISSONS, COQUILLAGES 魚、貝類

40 > 紅鯔魚佐蠶豆和醃漬番茄 Filets de rouget
　　 aux fèves et à la tomate confite

42 > 迷迭香鮟鱇慕莎卡
　　 Moussaka de lotte au romarin

44 > 青醬鱈魚佐新鮮菠菜
　　 Cabillaud au pesto et épinards au vert

46 > 鮮蛤佐橄欖油和新鮮薄荷 Coques à l'huile
　　 d'olive et à la menthe fraîche

48 > 香草薑燜扇貝 Saint-jacques au
　　 gingembre et aux herbes odorantes

MINI-COCOTTES MIXTES 迷你燉鍋總燴

50 > 咖哩燉鍋派對
　　 Cocotte party autour du curry

52 > 西班牙焗飯 Riz au four à l'espagnole

MINI-COCOTTES SUCRÉES 迷你燉鍋甜點

54 > 咖啡巧克力岩漿蛋糕
　　 Moelleux chocolat et café

56 > 雅瑪邑酒香蜜李燉蘋果 Compotée de
　　 pommes et de pruneaux à l'armagnac

58 > 水果奶油酥頂 Crumble aux fruits

60 > 櫻桃青檸克拉芙緹 Clafoutis à la cerise
　　 et au zeste de citron vert

62 > 香橙焗烤皮力歐許
　　 Gratin d'orange à la brioche

為了讓這道菜餚能夠充分散發香氣，
請挑選不會太甜的優質巴薩米克醋。

帕瑪火腿番茄蛋佐巴薩米克醋

Œufs à la tomate, au jambon de Parme et au vinaigre balsamique

準備時間：15 分鐘
烹煮時間：15 分鐘

份量：4 個迷你燉鍋

> 帕瑪火腿（jambon de Parme）
  2 片
> 小番茄（tomate olivette）4 顆
> 橄欖油 4 大匙
> 巴薩米克醋（vinaigre
  balsamique）4 大匙
> 蛋 4 大顆
> 現磨帕瑪森起司（parmesan
  frais）50 克
> 鹽和現磨黑胡椒

將你的烤箱預熱至 200℃（熱度 6-7）。將火腿片和小番茄切成小塊。

將火腿塊平均地撒在 4 個燉鍋中。加入橄欖油、巴薩米克醋和番茄塊。在每個燉鍋中打入一顆蛋。在燉鍋上方將帕瑪森起司刨成絲。撒上鹽和胡椒。

將燉鍋不加蓋，放入烤箱，烘烤 15 分鐘。趁熱搭配擦上少許大蒜，並用些許橄欖油香煎的法式鄉村麵包（pain de campagne）品嚐。

在裝滿沸水的容器中隔水加熱，混入酸奶油的蛋白仍會保持柔軟滑嫩。

《鮭魚親子》燉蛋
Œufs cocotte « tout saumon »

準備時間：15 分鐘
烹煮時間：25 分鐘

份量：4 個迷你燉鍋

> 奶油 50 克
> 新鮮鮭魚 200 克
> 煙燻鮭魚 2 片
> 蛋 4 大顆
> 高脂法式酸奶油（crème fraîche épaisse）4 大匙
> 鮭魚卵 4 小匙
> 鹽和現磨黑胡椒

將你的烤箱預熱至 180℃（熱度 6）。將奶油加熱至融化。將新鮮鮭魚切成大小相等的 4 塊，煙燻鮭魚切成兩半。

在 4 個燉鍋中塗上融化的奶油。2 種鮭魚分裝至燉鍋鍋底。在每個燉鍋中打入 1 顆蛋，加入 1 大匙的法式酸奶油和 1 匙的鮭魚卵。撒上鹽和胡椒。

將燉鍋不加蓋，放入深烤盤中，接著放入烤箱，在深烤盤內倒入沸水至燉鍋一半高度，以隔水加熱的方式烘烤 25 分鐘。搭配塗上奶油的吐司長條（mouillette），直接用小湯匙品嚐燉蛋。

為了讓烤蔬菜能夠站好，請將蔬菜和香料緊靠在一起，並讓顏色交錯，以獲得絕佳的視覺效果。若想讓這道配菜的味道變得更溫和，可省略馬鈴薯並增加櫛瓜的量。

普羅旺斯烤蔬菜
Tian de légumes

準備時間：45 分鐘
烹煮時間：40 分鐘

份量：4 個迷你燉鍋

> 番茄 2 大顆
> 櫛瓜 (courgette) 1 條
> 茄子 1 條
> 馬鈴薯 1 顆
> 洋蔥 1 大顆
> 大蒜 4 瓣
> 百里香 (thym) 4 枝
> 月桂葉 (feuille de laurier) 4 片
> 橄欖油 4 大匙
> 鹽和現磨黑胡椒

將你的烤箱預熱至 200℃（熱度 6-7）。仔細清洗番茄、櫛瓜和茄子。將馬鈴薯、洋蔥和大蒜去皮。將這些蔬菜和辛香料切成極薄且厚度相等的薄片。

以直立的方式，將蔬菜和辛香料放入 4 個燉鍋中，並盡可能插入最多片的蔬菜。將百里香和月桂葉塞進蔬菜片之間。淋上橄欖油，撒上鹽和胡椒。

將燉鍋加蓋，放入烤箱烘烤約 40 分鐘。留意烘烤的狀況，用刀尖戳入蔬菜測試，蔬菜必須軟化。這道普羅旺斯烤蔬菜可以單吃，也很適合作為烤肉或烤魚的配菜享用。

這道櫛瓜餅是非常受歡迎的配菜；以鑄鐵鍋製作，你可以稍微提前烤好加以保溫。若是要作為主菜享用，請加入去殼的蝦、煙燻鮭魚片或生火腿塊。

新鮮百里香櫛瓜餅
Gâteau de courgettes au thym frais

準備時間：35 分鐘
烹煮時間：25 分鐘

份量：4 個迷你燉鍋

> 櫛瓜 1.5 公斤
> 蛋 3 顆
> 起司絲（fromage râpé）150 克
> 高脂法式酸奶油（crème épaisse）
  2 大匙
> 新鮮百里香 6 枝
> 肉荳蔻粉
> 鹽和現磨黑胡椒

將你的烤箱預熱至 180℃（熱度 6）。將櫛瓜去蒂，接著仔細洗淨。用食物調理機（robot）中所附，可用來將胡蘿蔔刨絲的刨刀片將櫛瓜刨成絲。

將櫛瓜絲集中在攪拌盆中，加入全蛋、起司絲和酸奶油。仔細混合，撒上鹽和胡椒，並加入肉荳蔻粉。將這些備料分裝至 4 個燉鍋中，並仔細壓實。將燉鍋裝滿至頂端。

燉鍋不加蓋，放入烤箱，烘烤 25 分鐘。當櫛瓜餅開始呈現金黃色時，停止烘烤，並在出爐後靜置 10 分鐘再品嚐。

這道容易入口的料理可用來取代起司盤，既適合作為前菜，也適合在一餐的最後享用。你亦可依個人喜好，用同樣優質的布瑞斯藍起司（bleu de Bresse）或昂貝爾的圓柱形起司（fourme d'Ambert）來取代洛克福起司。

核桃油焗洛克福《梨蘋》
Roquefort « poire-pomme » à l'huile de noix

準備時間：20 分鐘
烹煮時間：35 分鐘

份量：4 個迷你燉鍋

> 蘋果 3 顆
> 洋梨 3 顆
> 洛克福起司（roquefort）320 克
> 室溫回軟的奶油 50 克
> 核桃油（huile de noix）4 小匙
> 鹽和現磨黑胡椒

將你的烤箱預熱至 200℃（熱度 6-7）。將蘋果削皮並切成小塊。將洋梨的果核挖除，接著將果肉切成規則的大片狀。將洛克福起司切成大塊。

在 4 個燉鍋底部塗上奶油。在燉鍋裡鋪上蘋果，接著在上面鋪上洛克福起司塊和洋梨。撒上胡椒，加入少量的鹽，然後淋上核桃油。

將燉鍋加蓋，放入隔水加熱的容器中，然後放入烤箱烘烤 35 分鐘。接著將燉鍋取出，稍微放涼後再搭配烤麵包和苦苣沙拉（salade d'endives）享用。

建議使用鑄鐵鍋來製作這道料理，因為必須以足夠的熱度將緊靠著月桂葉、橄欖油和柳橙汁的蘆筍煮熟。

生火腿蘆筍，由上往下加熱
Asperges au jambon cru,
cuites de haut en bas

準備時間：30 分鐘
烹煮時間：40 分鐘

份量：4 個迷你燉鍋

> 綠蘆筍 24 根
> 未經加工處理的柳橙 1 顆
> 生火腿 4 大片
> 月桂葉 4 片
> 橄欖油 4 大匙
> 醬油 4 小匙
> 鹽和現磨黑胡椒

將你的烤箱預熱至 180℃（熱度 6）。小心地為蘆筍去皮，接著從頂端約 4 公分處切成段。將柳橙切成 8 瓣，不要去皮。將生火腿片上的肥肉稍微去除。

將生火腿片貼在 4 個燉鍋的內壁。在中央加入切段的蘆筍，將蘆筍緊密排列，接著塞入月桂葉和 2 瓣柳橙。淋上橄欖油和醬油，撒上鹽和胡椒。

將燉鍋加蓋，放入烤箱烘烤 40 分鐘。當蘆筍烤熟時（可能還有點脆），請趁熱搭配調味的烤麵包，蘸著蘆筍烤出的湯汁一起品嚐。

這道配方，使用鑄鐵鍋或陶瓷燉鍋都可以。你可採用新鮮的豌豆來取代急速冷凍的豌豆。至少準備 2 公斤的豌豆莢，並維持同樣的烹煮時間。

豌豆煙燻鴨胸
Petits pois au magret de canard fumé

準備時間：10 分鐘
烹煮時間：30 分鐘

份量：4 個迷你燉鍋

> 青蔥（oignon nouveau）2 根
> 煙燻鴨胸（magret de canard fumé）20 片
> 橄欖油 4 大匙
> 月桂葉 4 片
> 新鮮百里香 4 枝
> 急速冷凍的豌豆（petit pois）700 克
> 鹽和現磨黑胡椒

將你的烤箱預熱至 200℃（熱度 6-7）。將青蔥剝皮並約略切碎。去除鴨胸肉的部分肥肉。

在 4 個燉鍋底部倒入 1 大匙的橄欖油。將蔥碎分裝至燉鍋中，接著在每個燉鍋裡加入 1 片月桂葉、1 枝百里香和 5 片的煙燻鴨胸肉。再鋪上豌豆，撒上鹽和胡椒。

將烤箱溫度調低至 180℃（熱度 6），接著將燉鍋加蓋，放入烤箱烘烤 30 分鐘。在豌豆烤熟但還很脆的時候，將燉鍋從烤箱中取出。用小湯匙攪拌均勻，並用鹽和胡椒來調整味道，接著蓋上蓋子保溫再端上桌享用。

為了能夠成功製作這道英式小餡餅，很重要的是必須將燉鍋放入極熱的烤箱中烘烤，如此才能讓包覆的折疊派皮更容易烤熟。由於每位賓客必須將酥皮敲碎才能窺見內容物，這些派肯定能帶來驚喜的效果！

肉桂《血腸蘋果》派
Pie « pomme-boudin » à la cannelle

準備時間：40 分鐘
烹煮時間：25 分鐘

份量：4 個迷你燉鍋

> 蘋果（golden 金冠品種）4 顆
> 奶油 50 克
> 肉桂粉 1 小匙
> 安地列斯血腸（boudin antillai）8 小條
> 現成的純奶油酥皮（pâte feuilletée pur beurre）1 份
> 蛋黃 1 個
> 鹽和現磨黑胡椒

將你的烤箱預熱至 200℃（熱度 6-7）。將蘋果削皮並切成小塊。

在 4 個燉鍋底部塗上奶油。將蘋果塊擺在燉鍋底部。撒上肉桂粉，並加入安地列斯血腸。準備一個直徑略大於燉鍋的圓形壓模，將酥皮裁成 4 塊圓形派皮。將這些圓形派皮鋪在燉鍋上。在碗中攪打蛋黃和少許的水，然後用毛刷刷在派皮表面。

就這樣將燉鍋放入烤箱，烘烤 25 分鐘。當派皮烤成漂亮的金黃色時，將燉鍋從烤箱中取出，將酥皮敲碎後品嚐。

若是趕時間，可用現成的豬絞肉來取代以北非香腸為基底的餡料。若想製作更具節慶氣氛的一餐，請在高麗菜葉中鋪上魚肉或家禽肉做為內餡。

東方風味高麗菜卷
Feuilles de chou farcies à l'orientale

準備時間：25 分鐘
烹煮時間：1 小時

份量：4 個迷你燉鍋

> 北非香腸（merguez）12 根
> 去核黑棗乾（pruneau）8 顆
> 小茴香粉（cumin en poudre）
  1 小匙
> 蛋 1 顆
> 非常大片的高麗菜葉 4 片
> 葵花油 4 大匙
> 新鮮香菜 2 把
> 鹽和現磨黑胡椒

將你的烤箱預熱至 200°C（熱度 6-7）。去掉北非香腸的腸衣，只取香腸肉餡。將黑棗切碎，在攪拌盆中與香腸肉餡混合。加入小茴香粉、蛋、鹽、胡椒，並用力地攪拌餡料。清洗高麗菜葉，並將硬的葉脈部分切去，只保留葉片柔軟的部分。

在 4 個鑄鐵鍋底部各倒入 1 大匙的油，然後放入一大片的高麗菜葉。鋪上混合好的內餡，然後將高麗菜葉向內折覆蓋。撒上鹽和胡椒。

將烤箱溫度調低至 180°C（熱度 6），鑄鐵鍋加蓋後放入烤箱烘烤 1 小時。當內餡烤熟，且高麗菜葉微微變黃時，將烤箱關掉，然後讓鑄鐵鍋在烤箱內靜置 15 分鐘。請搭配生菜沙拉（salade verte）來品嚐這道高麗菜卷。

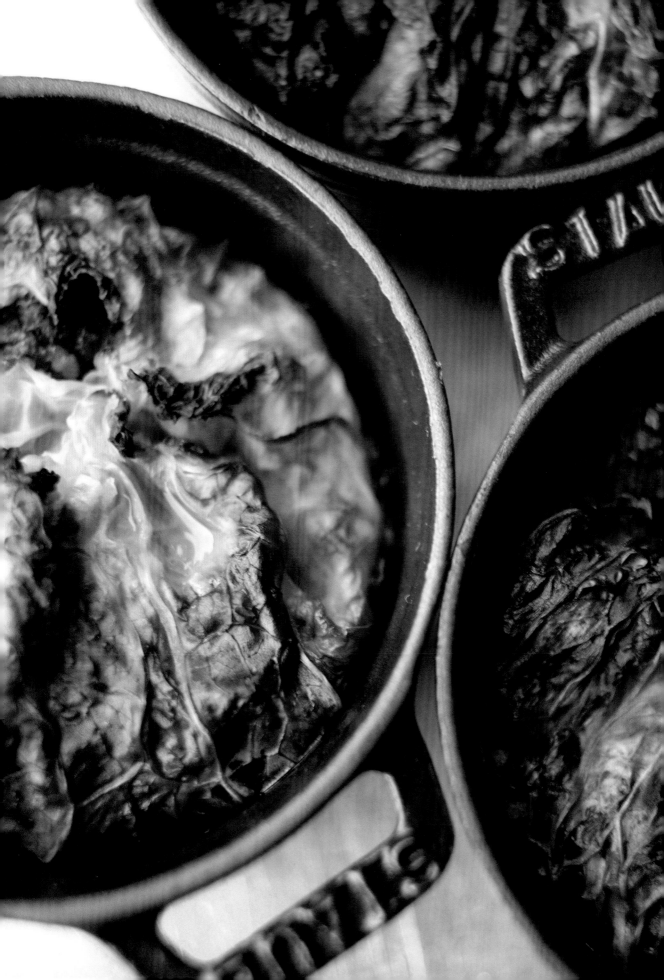

你可依個人喜好，用生火腿、蓋梅內豬肉香腸（andouille de Guéméné）片，或血腸來取代這道焗烤料理中的西班牙臘腸。

西班牙臘腸焗烤馬鈴薯
Gratin dauphinois au chorizo

準備時間：25 分鐘
烹煮時間：45 分鐘

份量：4 個迷你燉鍋

> 大蒜 2 瓣
> 中型馬鈴薯 8 顆
> 乾燥百里香（thym séché）1 小匙
> 月桂葉 4 片
> 很薄的西班牙臘腸（chorizo）薄片 12 片
> 室溫回軟的奶油 50 克
> 液狀鮮奶油（crème liquide）250 毫升
> 鹽和現磨黑胡椒

將你的烤箱預熱至 180℃（熱度 6-7）。將蒜瓣去皮並切碎。將馬鈴薯削皮、清洗，並切成很薄的薄片。

在 4 個鑄鐵鍋底部塗上奶油。將切碎的大蒜、百里香和月桂葉分裝至燉鍋底部。接著在燉鍋中裝滿馬鈴薯片，並在馬鈴薯片當中穿插西班牙臘腸片。淋上液狀鮮奶油，撒上鹽和胡椒。

將鑄鐵鍋加蓋，放入烤箱烘烤 45 分鐘。為了讓馬鈴薯軟化，並將表面烤成金黃褐色，請在烘烤結束前的最後 10 分鐘將蓋子取出。可搭配烤雞品嚐，或佐以綠葉沙拉作為主菜享用。

這道非常簡單的菜餚一但只要以燉鍋的形式上菜，就非常具有節慶的氣氛！可搭配生菜沙拉作為快速且簡便的一餐，或是搭配烤肉享用。

火腿焗烤義大利麵
Gratin de pâtes au jambon

準備時間：15 分鐘
烹煮時間：25 分鐘

份量：4 個迷你燉鍋

> 厚片白火腿（jambon blanc）
  250 克

> 煮熟且冷卻的短義大利麵（迷你
  筆管麵 mini-penne、小貝殼麵
  coquillette、迷你蝴蝶麵 mini-
  farfalle）400 克

> 起司絲 300 克

> 法式酸奶油（crème fraîche）滿滿
  4 大匙

> 肉荳蔻粉

> 鹽和現磨黑胡椒

將你的烤箱預熱至 200℃（熱度 6-7）。將白火腿切丁。

在大型攪拌盆中混合冷卻的義大利麵、起司絲和法式酸奶油。加入火腿丁、鹽、胡椒，並撒上肉荳蔻粉。將這備料分裝至 4 個燉鍋中並稍微壓實。

將燉鍋加蓋，放入烤箱烘烤 15 分鐘。將蓋子取出，烤箱調至上火燒烤功能（或將燉鍋表面移至靠近熱源），以上火焗烤 10 分鐘。趁熱將這道焗烤義大利麵端上桌。

你可使用火鍋剩餘的高湯來製作這道料理，或是使用市面上販售的雞湯塊來快速上菜。

牛肉湯佐香菜、香茅和八角

Bouillon au bœuf émincé, coriandre, citronnelle et badiane

準備時間：20 分鐘
烹煮時間：20 分鐘

份量：4 個迷你燉鍋

> 牛里脊肉（filet de bœuf）350 克
> 香菜 1 把
> 香茅（citronnelle）2 枝
> 綠檸檬（citron vert）1 顆
> 牛肉湯（bouillon de bœuf）250 毫升
> 八角（badiane, anis étoilé）8 顆
> 鹽和現磨黑胡椒

將你的烤箱預熱至 200℃（熱度 6-7）。將牛里脊切成很薄的長條狀。

清洗香菜和香茅並約略切碎。將綠檸檬切成 4 塊。

將牛肉條、香茅、切塊檸檬和八角分裝至 4 個燉鍋中。將牛肉湯倒入燉鍋中，裝至 3/4 滿。

將燉鍋加蓋，放入烤箱烘烤 20 分鐘。接著將燉鍋從烤箱中取出，將蓋子取下，撒上香菜。用鹽和胡椒調整味道。用小湯匙攪拌並上桌享用。

小燉鍋是用來烹煮塔吉鍋的理想工具。一蓋上蓋子，小燉鍋就能慢慢地將食材燜熟，並讓每位賓客都能享有專屬於自己個人的燉煮菜餚！

羔羊塔吉鍋
Tagine d'agneau

準備時間：35 分鐘
烹煮時間：1 小時 30 分鐘

份量：4 個迷你燉鍋

> 甜椒 1 顆
> 洋蔥 1 顆
> 羔羊肩肉（épaule d'agneau）
  400 克
> 黑棗乾 4 顆
> 杏桃乾（abricot sec）4 塊
> 月桂葉 4 片
> 小茴香粉（cumin en poudre）
  2 小匙
> 蜂蜜 4 大匙
> 橄欖油 4 大匙
> 鹽和現磨黑胡椒

將你的烤箱預熱至 180℃（熱度 6）。清洗甜椒，去籽，然後切成薄片。將洋蔥剝皮並切成薄片。將羊肩肉切成小塊。

將羊肩肉塊、甜椒片和洋蔥片、黑棗、杏桃乾和月桂葉分裝至 4 個燉鍋中。加入小茴香粉和蜂蜜。在每個燉鍋中撒上鹽和胡椒，並倒入橄欖油和一些水。

將燉鍋加蓋，放入烤箱烘烤 1 小時 30 分鐘。當羊肩肉煮熟時，將蓋子取下，用湯匙攪拌均勻，並搭配北非小麥（semoule à couscous）品嚐。

Le lut，即用來密封燉鍋的條狀麵團，可將食材燜熟，同時又能保存食材的香味。為了節省時間，你可在前一天準備好，不加麵團封鍋地烹煮。料理當天，請加上麵團封鍋，並在開始品嚐前菜時，用烤箱以 200℃（熱度 6-7）再加熱 20 分鐘。

麵封燉鍋燜橄欖小牛肉
Veau aux olives en cocotte lutée

準備時間：20 分鐘
烹煮時間：1 小時 10 分鐘

份量：4 個迷你燉鍋

> 大蒜 4 瓣
> 黃甜椒 1 顆
> 紅甜椒 1 顆
> 去掉肥肉的小牛肩肉（épaule de veau dégraissée）700 克
> 現成的披薩餅皮麵團（pâte à pizza）1 片
> 綠橄欖和黑橄欖 150 克
> 橄欖油 4 大匙
> 鹽和現磨黑胡椒

將你的烤箱預熱至 175℃（熱度 5-6）。將蒜瓣剝皮並切碎。清洗 2 顆甜椒，去籽並切塊。將小牛肩肉切成小塊。用刀子將披薩餅皮切成寬約 2 公分的 4 條帶狀麵團。

將小牛肩肉塊分裝至 4 個燉鍋中。加入甜椒塊和橄欖。在每個燉鍋中撒上鹽和胡椒，並倒入 1 大匙的橄欖油。

將燉鍋加蓋，用帶狀麵團密封接口，放入烤箱烘烤 1 小時 10 分鐘。接著將燉鍋從烤箱中取出，靜置 10 分鐘後再將封口的麵皮敲碎。請搭配煮好的奶油小麥粒（semoule au beurre）來品嚐。

在每個燉鍋中加入 1 小匙的青醬（pesto）或普羅旺斯黑橄欖醬（tapenade），再開始烹煮，這道料理非常適合夏季的夜晚在花園裡享用。

莫札瑞拉焗烤小牛肉片
Émincé de veau à la mozzarella

準備時間：20 分鐘
烹煮時間：30 分鐘

份量：4 個迷你燉鍋

> 小牛肉薄片 4 片（每片約 180 克）

> 莫札瑞拉起司（mozzarella）
  250 克

> 櫻桃番茄（tomate cerise）20 顆

> 橄欖油 4 大匙

> 白酒 4 大匙

> 月桂葉 4 片

> 新鮮百里香 4 枝

> 鹽和現磨黑胡椒

將你的烤箱預熱至 200℃（熱度 6-7）。將小牛肉薄片切成規則的條狀，並將莫札瑞拉起司切塊。清洗櫻桃番茄並去蒂。

在 4 個燉鍋底部倒入橄欖油。將小牛肉條和番茄分裝至燉鍋中。撒上鹽、胡椒，加入白酒、莫札瑞拉起司塊、月桂葉和百里香。

將燉鍋加蓋，放入烤箱烘烤 30 分鐘。接著將燉鍋從烤箱中取出，但不要將蓋子打開，趁熱上菜。可搭配如芹菜根泥（purée de celeri）或簡單的一盤麵來品嚐。

注意不要選擇味道過於強烈的橄欖，這是為了讓這道料理的風味能夠在醃漬檸檬和橄欖之間取得良好的平衡。若你偏好不辣的橄欖，請選擇希臘式的醃漬黑橄欖。

雞肉片佐醃漬檸檬茴香和辣橄欖

Émincé de poulet, fenouil au citron confit et olives pimentées

準備時間：25 分鐘
烹煮時間：30 分鐘

份量：4 個迷你燉鍋

> 紅甜椒 2 顆
> 茴香球莖（bulbe de fenouil）2 顆
> 醃漬黃檸檬（citron confit）4 顆
> 雞胸肉（blanc de volaille）4 塊
> 微辣黑橄欖 20 顆
> 新鮮百里香 4 枝
> 橄欖油 8 大匙
> 鹽和現磨黑胡椒

將你的烤箱預熱至 180°C（熱度 6）。清洗甜椒去籽，茴香球莖去皮，兩種都切成很薄的薄片（你可用食物調理機刨成更細的絲）。將醃漬黃檸檬切成小塊。將雞胸肉切成規則的條狀。

將蔬菜分裝至 4 個鑄鐵燉鍋底部。放上雞肉條，加入橄欖、百里香、橄欖油和醃漬檸檬塊。撒上鹽和胡椒。

將燉鍋加蓋，放入烤箱烘烤 30 分鐘。趁熱搭配如原味小麥粒（semoule nature），或馬鈴薯泥品嚐。

若你的味蕾偏好品嚐較為溫和的風味，你也
能不用辣椒來製作這道配方，或是用 1 把羅勒
(basilic) 來取代，讓羅勒的香氣在整個烹煮過程
中釋放在湯汁裡。

檸檬辣椒雞肉鍋

Fondue de blancs de poulet à la citronnelle et au piment

準備時間：35 分鐘
烹煮時間：30 分鐘

份量：4 個迷你燉鍋

> 韭蔥 (poireau) 1 小根
> 香茅 (citronnelle) 2 根
> 雞胸肉 (blanc de volaille) 4 塊
> 綠檸檬 (citron vert) 1 顆
> 黃櫻桃番茄 (tomate cerise jaune) 12 顆
> 辣椒 (piment) 4 小根
> 橄欖油 4 大匙
> 醬油 8 大匙
> 鹽和現磨黑胡椒

將你的烤箱預熱至 200℃（熱度 6-7）。清洗韭蔥和香茅，去掉太硬的部分，切成很薄的薄片。將雞胸肉切成薄片，並將綠檸檬切成 4 塊。

將切成薄片的韭蔥和香茅分裝至 4 個燉鍋底部。櫻桃番茄、整根辣椒、雞肉片和檸檬塊也同樣分裝至燉鍋中。在每個燉鍋中倒入 1 大匙的橄欖油和 2 大匙的醬油。撒上少量的鹽和一般份量的胡椒。

將燉鍋加蓋，放入烤箱烘烤 30 分鐘。注意時間，在烘烤結束前的最後 10 分鐘，將燉鍋的蓋子打開，取出辣椒和檸檬塊。烘烤一結束，就用湯匙攪拌燉鍋內的材料，並搭配一碗香米飯（riz parfumé），在微溫時品嚐。

為了製作這道經典名菜，請選擇未經研磨的傳統芥末籽；傳統芥末籽恰到好處的嗆辣風味和兔肉是絕配。此外，為了確保迷你燉鍋能夠均勻地烹煮，請務必將兔肉切成規則的塊狀。

茵陳蒿芥末焗兔肉
Lapin à l'estragon et à la moutarde

準備時間：35 分鐘
烹煮時間：45 分鐘

份量：4 個迷你燉鍋

> 中型胡蘿蔔 4 根
> 去骨兔腿肉（cuisses de lapin）4 塊
> 新鮮茵陳蒿（estragon）4 枝
> 芥末籽醬（moutarde en grains）4 小匙
> 橄欖油 6 大匙
> 鹽和現磨黑胡椒

將你的烤箱預熱至 180℃（熱度 6）。將胡蘿蔔削皮並切成薄片狀。

將兔腿肉切小塊，均勻分配放入 4 個燉鍋中。在每個燉鍋內加入胡蘿蔔片、1 枝茵陳蒿和 1 小匙的芥末籽。淋上橄欖油，撒上鹽和胡椒。

將燉鍋加蓋，接著放入烤箱烘烤 45 分鐘。將燉鍋從烤箱中取出，蓋子打開，用湯匙攪拌混合，趁熱搭配蒸馬鈴薯品嚐。

可在春天取得的新鮮蠶豆，對這道色彩繽紛的菜餚來說更具有畫龍點睛的效果。若沒有新鮮蠶豆，請毫不猶豫地使用急速冷凍的蠶豆，或用豌豆來加以替代。

紅鯔魚佐蠶豆和醃漬番茄

Filets de rouget aux fèves et à la tomate confite

準備時間：25 分鐘
烹煮時間：30 分鐘

份量：4 個迷你燉鍋

> 大蒜 3 瓣
> 紅鯔魚 (rouget-barbet) 去骨魚片 8 小片
> 蠶豆 (fève) 250 克
> 橄欖油 4 大匙
> 乾燥百里香粉 (thym séché en poudre) 1 小匙
> 番茄乾 (tomates séchées) 80 克
> 鹽和現磨黑胡椒

將你的烤箱預熱至 180℃（熱度 6）。將大蒜剝皮並切碎。將紅鯔魚切成大小規則的魚塊。在 1 鍋裝滿沸水的平底深鍋中，汆燙蠶豆 1 分鐘，撈起冰鎮後去殼。

在 4 個燉鍋底部倒入橄欖油。撒上鹽和胡椒，接著加入百里香粉和切碎的大蒜。將蠶豆、紅鯔魚塊和番茄乾分裝至燉鍋中。

將燉鍋加蓋，接著放入烤箱烘烤 20 分鐘。當魚煮熟時，將蓋子取下，用湯匙輕輕攪拌並上桌品嚐。

在這道重新詮釋的慕莎卡（moussaka 焗烤茄子千層）裡，鮟鱇魚細緻的肉質和茄子鮮明的味道是一種幸福的搭配。務必要將茄子切成很薄的薄片：如此一來，燉煮時茄子會比較容易熟。

迷迭香鮟鱇魚慕莎卡
Moussaka de lotte au romarin

準備時間：20 分鐘
烹煮時間：45 分鐘

份量：4 個迷你燉鍋

> 茄子 2 小條

> 番茄 2 顆

> 莫札瑞拉起司（mozzarella）
  150 克

> 鮟鱇魚去骨魚塊（filet de lotte）
  500 克

> 橄欖油 4 大匙

> 迷迭香（或百里香）4 枝

> 鹽和現磨黑胡椒

將你的烤箱預熱至 180℃（熱度 6）。清洗茄子和番茄並去蒂，接著切成薄片。將莫札瑞拉起司和鮟鱇魚肉切成厚片。

在 4 個燉鍋中交錯地擺入茄子、番茄、莫札瑞拉起司和鮟鱇魚片，直到將燉鍋填滿。在每個燉鍋中撒上鹽和胡椒，淋上橄欖油，並加入 1 枝迷迭香。將燉鍋加蓋，放入烤箱烘烤 45 分鐘。接著在茄子和鮟鱇魚煮熟且略帶金黃色並軟化時，將燉鍋從烤箱中取出。趁熱搭配馬鈴薯泥品嚐。

這道配方使用鑄鐵鍋或陶瓷燉鍋可能會帶來不同的效果。你當然可以使用其他的白肉魚來取代鱈魚。

青醬鱈魚佐新鮮菠菜
Cabillaud au pesto et épinards au vert

準備時間：20 分鐘
烹煮時間：25 分鐘

份量：4 個迷你燉鍋

> 去骨鱈魚（filet de cabillaud）600 克
> 新鮮菠菜（épinards frais）180 克
> 大蒜 4 瓣
> 橄欖油 4 大匙
> 優質青醬（pesto）1 大匙
> 鹽和現磨黑胡椒

將你的烤箱預熱至 180℃（熱度 6）。將鱈魚肉切成 8 個小塊。清洗菠菜葉並去掉根部。將蒜瓣剝皮並切碎。

將菠菜葉分裝至 4 個燉鍋中，一邊壓實，並加入切碎的大蒜。將魚肉塊擺在菠菜上。撒上鹽和胡椒，並淋上橄欖油。將青醬鋪在魚塊上。

將燉鍋加蓋，放入烤箱烘烤 25 分鐘。接著將燉鍋從烤箱中取出，蓋子打開，輕輕攪拌均勻，然後搭配白米飯品嚐。

這道料理很適合作爲午餐的開胃菜，或是晚餐的前菜。請搭配一杯夏多內（chardonnay）品種的冰涼白酒來品味這些鮮蛤，也別忘了爲那些想品嚐鮮蛤湯汁的人準備小湯匙！

鮮蛤佐橄欖油和新鮮薄荷

Coques à l'huile d'olive
et à la menthe fraîche

準備時間：10 分鐘
烹煮時間：8 分鐘

份量：4 個迷你燉鍋

> 新鮮薄荷（menthe fraîche）
  1/4 把
> 新鮮蛤蜊（coque）60 至 70 顆
> 橄欖油 4 大匙
> 鹽和現磨黑胡椒

將你的烤箱預熱至 180°C（熱度 6）。將薄荷葉摘下並清洗，接著約略切碎。將鮮蛤分裝至 4 個燉鍋中（每個燉鍋估計應放 15 至 20 個鮮蛤）。加入新鮮薄荷和橄欖油。撒上少量的鹽和一般份量的胡椒。

將燉鍋加蓋，放入熱烤箱中烘烤 8 分鐘，接著將燉鍋取出，不要將蓋子打開，靜置約 5 分鐘。請連同洗手碗（rince-doigts）和放蛤殼的小盤子一起，將鮮蛤燉鍋端上桌。

你也能使用明蝦，或是改使用雞胸肉並將烹煮時
間加倍，來製作這道香氣四溢的前菜。

香草薑燜扇貝
Saint-jacques au gingembre et aux herbes odorantes

準備時間：25 分鐘
烹煮時間：10 分鐘

份量：4 個迷你燉鍋

> 扇貝（Saint-Jacques）12 大顆

> 帶葉片的九層塔（basilic thaï）（或
  羅勒）4 枝

> 香菜 4 枝

> 新鮮百里香 4 枝

> 新鮮生薑 100 克

> 橄欖油 8 大匙

> 醬油 3 大匙

> 鹽之花（Fleur de sel）和現磨胡
  椒粉

將你的烤箱預熱至 200°C（熱度 6-7）。用水流沖洗扇貝。瀝水
後擦乾。清洗香草。將生薑削皮，並將一半的薑刨成絲。將另
一半的薑切成薄片。

將 4 大匙的油分裝至 4 個燉鍋底部。在每個燉鍋中擺上 3 個扇
貝。撒上鹽和胡椒。再擺上薑絲、香草，接著是薑片。

將燉鍋加蓋，並放入烤箱中烘烤 10 分鐘。接著將燉鍋從烤箱中
取出，不要打開蓋子。在小碗中攪拌剩餘的橄欖油和醬油，以
製作調味汁。

在每位賓客面前擺放 1 個燉鍋，並將蓋子稍微打開，你的餐桌
將會充滿香草的芳香。將調味汁倒入燉鍋中，將這道料理作為
熱的前菜，搭配 1 杯白酒品嚐。

你只需要 4 個燉鍋，就能安排一場 4 人份的燉鍋派對。對你來說，好處是只要花少少的時間料理，就能端出數道可供美味品嚐的菜餚。
將所有的燉鍋放上桌，讓每個人從各個燉鍋中挖掘自己的喜好！

咖哩燉鍋派對
Cocotte party autour du curry

準備時間：25 分鐘
烹煮時間：35 分鐘

份量：4 個迷你燉鍋

2 鍋雞肉燉鍋
> 雞胸肉 2 塊
> 奶油 20 克
> 香茅（citronnelle）2 根

1 鍋蝦子燉鍋
> 蝦子 5 大隻
> 新鮮菠菜葉 5 片

1 鍋蔬菜燉鍋
> 球莖茴香（fenouil）100 克
> 櫻桃番茄 6 顆
> 豌豆莢（haricot mange-tout）10 個

咖哩醬
> 法式酸奶油（crème fraîche）4 大匙
> 橄欖油 4 大匙
> 咖哩粉（curry en poudre）4 大匙
> 小茴香粉 1 小匙
> 罐裝椰奶（lait de coco）800 毫升
> 香蕉 1 根
> 蘋果 1 顆
> 鹽和現磨黑胡椒

將你的烤箱預熱至 180℃（熱度 6）。將選擇的食材分裝至燉鍋中。製作 2 鍋的雞肉燉鍋，請預先將雞肉切成大塊，並將香茅切成薄片。製作蝦子燉鍋，請將蝦去殼。製作蔬菜燉鍋，請將茴香球莖去皮並切成小塊；清洗番茄和豌豆莢，並分別去蒂和去硬絲。

準備咖哩醬：在每個燉鍋中加入 1 大匙的法式酸奶油、1 匙的橄欖油和 1 匙的咖哩粉。將小茴香粉和椰奶分裝至 4 個燉鍋中。將香蕉和蘋果去皮並切成小塊；平均地分裝至燉鍋中。撒上鹽和胡椒。

將燉鍋加蓋，並放入烤箱中烘烤 35 分鐘。當食材煮熟時，將蓋子稍微打開，攪拌每個燉鍋中的材料。如有必要的話，用鹽和胡椒調整一下味道。將這些燉鍋全端上桌讓客人們一起分享，並搭配白米飯品嚐。

在燉鍋中加入小塊的魚肉或淡菜（moule），就能將這道配方轉變爲迷你西班牙海鮮飯（mini-paella）。來自西班牙的芳香出現在你歡聚的餐桌上！

西班牙焗飯
Riz au four à l'espagnole

準備時間：15 分鐘
烹煮時間：30 分鐘

份量：4 個迷你燉鍋

> 紅甜椒 1 顆
> 中型蝦 20 隻
> 雞胸肉 2 塊
> 長米（riz long）200 克
> 橄欖油 4 大匙
> 薑黃粉（curcuma en poudre）
  1 大匙
> 豌豆 180 克
> 鹽和現磨黑胡椒

將你的烤箱預熱至 200℃（熱度 6-7）。清洗紅甜椒，去籽，並切成小丁。將蝦頭去掉。將雞胸肉切成小塊。

將米分裝至 4 個燉鍋中，並加入米一倍份量的溫水。同樣將橄欖油、薑黃粉、豌豆、蝦子、雞肉塊和甜椒分裝至 4 個燉鍋中。撒上鹽和胡椒。

將燉鍋加蓋，並放入烤箱中烘烤 30 分鐘。當水完全被米吸收且米煮熟時，將燉鍋從烤箱中取出。用湯匙混合所有食材，在不會太燙時搭配如水煮魚（poisson poché）等來享用這道香噴噴的焗飯。

你可用 1 個香草莢、4 大匙的焦糖，或些許覆盆子來取代這道配方中的咖啡。然後搭配香草、焦糖或紅色莓果製成的冰淇淋來品嚐熱騰騰的爆漿內餡。

咖啡巧克力岩漿蛋糕
Moelleux chocolat et café

準備時間：20 分鐘
烹煮時間：15 分鐘

份量：4 個迷你燉鍋

> 黑巧克力（chocolat noir）200 克
> 非常濃烈的義式濃縮咖啡
  （expresso）1 份
> 蛋 4 顆
> 細鹽（sel fin）1 撮
> 室溫回軟的含鹽奶油（beurre
  salé, mou）200 克
> 即溶咖啡（cafe soluble）2 大匙
> 細砂糖（sucre en poudre）
  150 克
> 低筋麵粉 80 克

將你的烤箱預熱至 200℃（熱度 6-7）。將巧克力敲碎成小塊，然後和義式濃縮咖啡一起隔水加熱至融化。將蛋白和蛋黃分開。將蛋白和 1 撮細鹽攪打至發泡。

在攪拌盆中混合 150 克室溫放軟的含鹽奶油、即溶咖啡和糖。加入融化的巧克力與濃縮咖啡，接著一顆一顆地放入蛋黃，並持續攪拌。接著混入 50 克的麵粉，最後是發泡的蛋白霜，始終都要輕輕地攪拌。

將剩餘的 50 克奶油抹在燉鍋內並撒上剩餘的 30 克麵粉，將混合好的麵糊分裝至 4 個燉鍋內。

將烤箱溫度調低至 180℃（熱度 6）。將燉鍋加蓋，放入烤箱烘烤 15 分鐘。蛋糕必須烤熟，但中央仍保持柔軟的狀態。請趁熱搭配 1 球的咖啡冰淇淋（glace au café）品嚐。

依個人喜好，你可用 2 顆芒果和 2 根香蕉來取代蘋果，用同樣數量的椰棗（datte）來取代蜜李，並用相同份量的蘭姆酒來取代雅瑪邑白蘭地（armagnac）。請趁熱搭配 1 球的椰子冰淇淋享用。

雅瑪邑酒香蜜李燉蘋果

Compotée de pommes et de pruneaux
à l'armagnac

準備時間：30 分鐘
烹煮時間：40 分鐘

份量：4 個迷你燉鍋

> 蘋果 4 大顆
> 奶油 50 克
> 去核蜜李乾（pruneau）12 顆
> 葡萄乾 4 大匙
> 粗粒紅糖（cassonade）2 大匙
> 雅瑪邑白蘭地（armagnac）4 大匙
> 肉桂 4 根

將你的烤箱預熱至 180℃（熱度 6）。將蘋果削皮，並切成不要太厚的塊狀。

在 4 個燉鍋底部塗上奶油。將蘋果塊分裝至每個燉鍋底部。蜜李乾、葡萄乾、粗粒紅糖、雅瑪邑白蘭地和肉桂也同樣分裝至燉鍋中。

將燉鍋加蓋，放入烤箱烘烤 40 分鐘。蘋果加熱後，將燉鍋內材料攪拌均勻，讓蘋果汁液可以混合蜜李乾和葡萄乾的風味，接著趁熱搭配 1 球的香草冰淇淋享用。

在製作這道甜點時，請毫不猶豫地使用不同的水果來變換花樣。只是要記得，若水果很大塊的話，請切成規則的塊狀，如果水果皮很厚，記得要削皮。就讓當下的靈感來帶領你：黃香李（mirabelle）、洋李（quetsche）、克勞德皇后李（reine-claude）、藍莓（myrtille）…

水果奶油酥頂
Crumble aux fruits

準備時間：15 分鐘
靜置時間：20 分鐘
烹煮時間：25 分鐘

份量：4 個迷你燉鍋

奶油酥頂

> 低筋麵粉 120 克

> 粗粒紅糖 100 克

> 室溫回軟的奶油（beurre mou）
  100 克

> 杏桃（abricot）20 顆，或蘋果 4
  顆，或整顆的覆盆子（framboise）
  400 克

> 燉鍋用奶油 50 克

將你的烤箱預熱至 180°C（熱度 6）。

準備奶油酥頂：在攪拌盆中混合麵粉、粗粒紅糖和室溫回軟的奶油。用指尖搓揉，直到形成豆狀顆粒的混合物。
接著放入冰箱冷藏約 20 分鐘。

清洗水果，有需要的話削皮並切塊。在 4 個燉鍋內塗上奶油，放入水果，並蓋上厚厚一層的奶油酥頂。

不要加蓋，將燉鍋放入烤箱烘烤 25 分鐘。將水果奶油酥頂放涼後再品嚐。

這是一道經典的甜點，使用小燉鍋製作，讓它增添些許的時髦氣氛。你可輕易地用其他水果：杏桃、洋梨，或甚至是蜜李乾（你可預先用一碗熱茶泡開）來取代櫻桃。

櫻桃青檸克拉芙緹

Clafoutis à la cerise
et au zeste de citron vert

準備時間：10 分鐘
烹煮時間：30 分鐘

份量：4 個迷你燉鍋

> 奶油 80 克
> 低筋麵粉 100 克
> 細砂糖 60 克 + 1 大匙
> 香草糖（sucre vanillé）1 包
  （約 7 克）
> 綠檸檬 1 顆
> 蛋 4 顆
> 牛奶 200 毫升
> 去核櫻桃 700 克

將你的烤箱預熱至 210°C（熱度 7）。用平底深鍋或微波爐將 50 克的奶油加熱至融化。

在攪拌盆中混合麵粉、糖和香草糖。將綠檸檬皮刨成細末，並加入備料中。混入全蛋，一次加入一顆，一邊輕輕攪拌，接著緩緩倒入牛奶，持續攪拌，並加入融化的奶油。

將剩餘的 30 克奶油塗在 4 個燉鍋內，然後將櫻桃分裝至燉鍋中。將混合好的麵糊均等的倒在櫻桃上。

將烤箱溫度調低至 180°C（熱度 6），燉鍋不加蓋，放入烤箱烘烤 30 分鐘。將燉鍋從烤箱中取出。放涼，接著撒上剩餘的 1 大匙糖享用。

為柳橙剝皮時，請花點時間將白膜部分完全去除，因為白膜會帶來苦澀的味道。這道甜點會因此而變得加倍美味！

香橙焗烤皮力歐許
Gratin d'orange à la brioche

準備時間：30 分鐘
烹煮時間：25 分鐘

份量：4 個迷你燉鍋

> 柳橙 4 大顆
> 厚片皮力歐許（brioche）4 片
> 奶油 100 克
> 低筋麵粉 100 克
> 細砂糖 60 克
> 香草糖 1 包（約 7 克）
> 蛋 4 顆
> 牛奶 200 毫升
> 橙花水（fleur d'oranger）2 大匙
> 香草莢 2 根

將你的烤箱預熱至 180°C（熱度 6）。將柳橙剝皮，連白膜部分也去除。用很鋒利的刀，將柳橙果肉一瓣一瓣地取下，並將白膜部分完全去掉。將皮力歐許片切成小塊。用平底深鍋或微波爐將奶油加熱至融化。

在攪拌盆中混合麵粉、糖和香草糖。混入全蛋，一次一顆，一邊輕輕攪拌，接著緩緩倒入牛奶，持續攪拌。最後，在麵糊中加入融化的奶油和橙花水。

在 4 個燉鍋中放入柳橙果肉和皮力歐許麵包塊。每個燉鍋中加入剖開的半根香草莢，然後再均等倒入所有的麵糊。

燉鍋不加蓋，放入烤箱烘烤 25 分鐘。放涼後再上桌品嚐。

TABLE DES ÉQUIVALENCES FRANCE-CANADA
法國－加拿大等量表

POIDS 重量

55 克	2 盎司	200 克	7 盎司	500 克	18 盎司
100 克	3,5 盎司	250 克	9 盎司	750 克	27 盎司
150 克	5 盎司	300 克	11 盎司	1 公斤	36 盎司

這些等量可用來計算重量，其中約有幾克的誤差（實際上1盎司＝28克）。

CAPACITÉS 容量

25 cl 釐升（250毫升）	9 盎司	75 cl 釐升（750毫升）	26 盎司
50 cl 釐升（500毫升）	17 盎司	1公升	35 盎司

為了方便估計容量，在這裡25 cl 釐升（250毫升）相當於9盎司（實際上23釐升＝8盎司＝1杯）。

非常感謝 Annie 安妮和 Anatole Dudka 阿納托爾●杜德卡提供他們大量的餐具、
他們陽光燦爛的花園，以及他們的好心情！
馬内 J.-F. Mallet
衷心感謝 Le Creuset（www.lecreuset.fr）和 Staub 公司（www.staub.fr）
讓我們自由使用他們的迷你燉鍋。

系列名稱 / EASY COOK
書　名 / Mini Cocotte 1個人的主食，2個人的配菜，全家人的燉鍋料理：
　　　　零油煙、免顧爐、少碗盤，健康營養不流失的新料理法
作　者 / 尚方索瓦●馬内 Jean-François Mallet
出版者 / 大境文化事業有限公司
發行人 / 趙天德　　總編輯 / 車東蔚
翻　譯 / 林惠敏　　文 編●校 對 / 編輯部　　美　編 / R.C. Work Shop
地址 / 台北市雨聲街77號1樓
TEL / (02)2838-7996　　FAX / (02)2836-0028
初版日期 / 2015年1月　　定　價 / 新台幣280元
ISBN / 9789869094733　　書　號 / E97

讀者專線 / (02)2836-0069
www.ecook.com.tw
E-mail / service@ecook.com.tw
劃撥帳號 / 19260956大境文化事業有限公司

DAME COCOTTE A SES FOURNEAUX
Copyright: © Larousse 2009
Traditional Chinese edition copyright:
2015 T.K. Publishing Co.
All rights reserved.

國家圖書館出版品預行編目資料
Mini Cocotte 1個人的主食，2個人的配菜，全家人的燉鍋料理：
零油煙、免顧爐、少碗盤，健康營養不流失的新料理法
尚方索瓦●馬内 Jean-François Mallet 著；--初版.--臺北市
大境文化，2015[民104] 64面：
19×26公分. (EASY COOK；E97)
ISBN 9789869094733
1.食譜　427.1　103024023